Kaliannan Durairaj
Arunachalam Manimekalan
Palaninaicker Senthilkumar

Produção de camarão marinho Litopenaeus vannamei em sistema de cultura em tanques

Kaliannan Durairaj
Arunachalam Manimekalan
Palaninaicker Senthilkumar

Produção de camarão marinho Litopenaeus vannamei em sistema de cultura em tanques

ScienciaScripts

Cover image: www.ingimage.com

This book is a translation from the original published under ISBN 978-620-2-09385-9.

Publisher:
Sciencia Scripts
is a trademark of
Dodo Books Indian Ocean Ltd. and OmniScriptum S.R.L publishing group

120 High Road, East Finchley, London, N2 9ED, United Kingdom
Str. Armeneasca 28/1, office 1, Chisinau MD-2012, Republic of Moldova, Europe
Printed at: see last page
ISBN: 978-620-8-18667-8

ÍNDICE DE CONTEÚDOS

RECONHECIMENTO

Estou extremamente grato ao **Dr. A. Manimekalan, professor associado do** Departamento de Ciências Ambientais da Universidade de Bharathiar, pela sua valiosa orientação e aconselhamento na realização do projeto.

Agradeço também ao **Dr. M. V. Usharani**, Professor e Diretor; ao **Dr. P. Sidhuraju,** Leitor; ao **Dr. M. Muthukumar,** Professor Adjunto, ao **Dr. L Arulprgasan,** Professor Adjunto, e à **Dra. D. Prabha,** Professora Adjunta, do Departamento de Ciências Ambientais, pelo seu apoio e encorajamento ao longo dos meus estudos.

Expresso a minha profunda gratidão ao **Dr. P. Vetriselvan e** ao **Dr. T. Venkatesan,** IVC Labs & Environmental Services, Chennai, pelo seu apoio incansável e por me motivarem a realizar este trabalho como parte do programa em curso do centro.

Devo os meus agradecimentos ao **Dr. P. Velmurugan**, Professor de Investigação, Universidade Nacional de Chungbuk, Coreia do Sul.

Os meus sinceros agradecimentos ao **Sr. A. Arunkumar,** ao **Sr. M. Iydroose,** ao **Sr. K. Mahesh Kumar,** à **Sra. Anu Alias Meena,** à **Sra. K. Sonam Sree,** ao **Sr. R. Eswaran,** ao **Sr. A. Jagadeesh Kumar,** ao **Sr. K. Karthick** e a outros académicos do Departamento de Ciências Ambientais pela valiosa ajuda e encorajamento durante todo o meu trabalho de projeto.

Os meus sinceros agradecimentos são devidos à **Sra. A. Noorjahan**, responsável técnica, pelo seu apoio, apoio e encorajamento ao longo dos meus estudos.

Agradeço calorosamente aos meus **amigos, familiares e colegas** por me terem encorajado nos momentos difíceis e também a todos os que me ajudaram direta e indiretamente durante o curso do meu estudo.

Os meus agradecimentos especiais ao meu pai**, Sr. A. Kaliannan**, e às minhas amigas, **Sra. U. Vishnupriya e Sra. R. Lavanya,** pelo seu grato apoio durante todo o meu projeto.

Acima de tudo, foi o amor e o carinho dos meus **familiares** que me permitiram concretizar os meus sonhos académicos. Sem o seu encorajamento e apoio, ter-me-ia sido impossível concluir este trabalho.

Por último, mas não menos importante, agradeço ao **Todo-Poderoso** por me ter dado a força para trabalhar arduamente para alcançar os objectivos da minha vida.

- DURAIRAJ. K

Capítulo 1

INTRODUÇÃO

A aquicultura é o cultivo de animais e plantas aquáticas, especialmente peixes, crustáceos e algas marinhas, em ambientes marinhos ou de água doce, naturais ou controlados, para a produção de alimentos. Este sector também proporciona oportunidades de emprego às populações rurais e urbanas. A produção aquícola mundial registou um enorme crescimento nos últimos anos. A aquicultura é atualmente o sector de produção alimentar que regista o crescimento mais rápido em muitos países: 67%, seguida da Índia 6% e do Vietname 3%. A Ásia é, de longe, o produtor dominante, como mostra a figura 1 abaixo

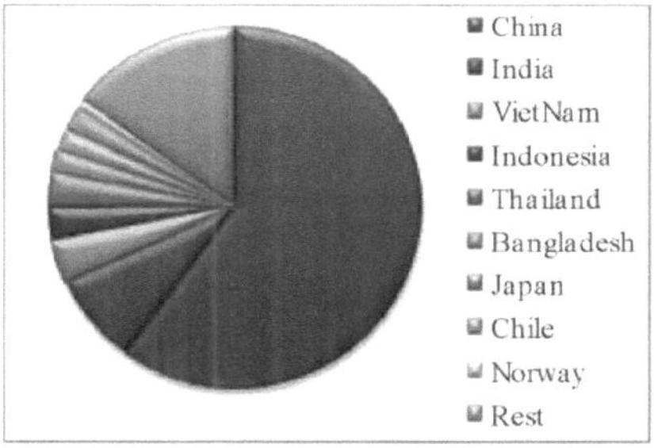

Figura.1 Principais países procutores de aquacultura

Com base na estimativa mais recente da FAO, a produção mundial de peixe proveniente da aquicultura aumentou para cerca de 10 milhões de toneladas métricas (mt) em 1984 e para mais de 39 milhões de toneladas em 1998, com uma taxa de crescimento anual de cerca de 10%. Por outro lado, a produção da pesca de captura aumentou menos de 1%, para 87 milhões de toneladas em 1998. Consequentemente, a contribuição da aquicultura para a produção mundial de peixe aumentou de 11% em 1984 para 31% em 1998. Em 2004, a produção total da aquicultura mundial foi de 59,4 milhões de toneladas e teve um valor de 70,3 milhões de dólares americanos.

mil milhões de euros (FAO, 2006). Embora a aquacultura seja praticada há milénios, a sua principal expansão ocorreu apenas nas últimas três décadas. Entre 1980 e 2004, registou-se um aumento de cerca de 9 vezes no total da produção aquícola mundial, como se pode ver na figura. 2.

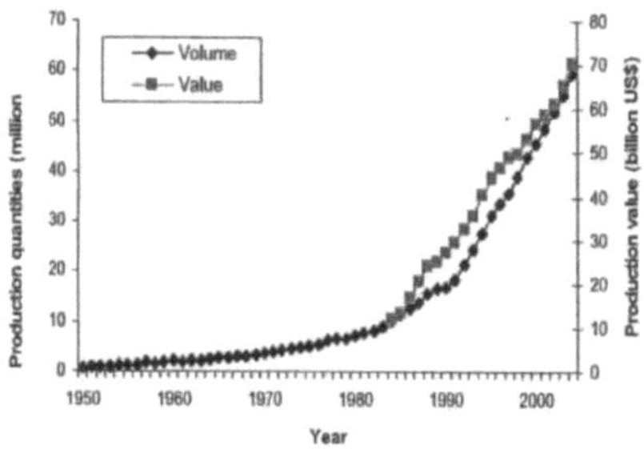

Figura.2 Evolução da produção e do valor total da aquicultura mundial (incluindo plantas) entre 1950
e 2004 (FAO, 2006)

A produção aquícola em 2012 está estimada em cerca de 66,5 milhões de toneladas. As estatísticas globais completas da produção aquícola foram recolhidas pela FAO e os resultados dos dados serão divulgados no início de março de 2014.

A aquacultura é um dos sectores de mais rápido crescimento no mundo, que desempenha um papel muito importante no estado da economia mundial. O uso regular de antibióticos na aquacultura resultou no desenvolvimento de estirpes resistentes, que contribuíram para a ineficiência dos antibióticos (Mateus *et al,* 2014). Um estudo recente efectuado pela NOAA indica que a aquicultura representa um baixo risco para o ambiente. Os impactos da aquicultura são tipicamente locais e temporários, enquanto que, nalguns casos, a aquicultura pode beneficiar o ambiente. Nos casos em que os moluscos filtradores, como as ostras, são cultivados in situ, a qualidade da água das lagoas e dos lagos pode melhorar. Embora existam problemas documentados associados à aquacultura, as agências governamentais acreditam que é uma solução sustentável e a longo prazo para as populações de peixes marinhos selvagens do mundo. Tal como um aquário gigante, as pisciculturas em terra

também a água suja deve ser mudada frequentemente para manter a qualidade da cultura. Dependendo da configuração do sistema, isto pode resultar na descarga de quantidades significativas de águas residuais contendo fezes, nutrientes e produtos químicos no ambiente. Os nutrientes podem resultar na proliferação de algas que acabam por eliminar o oxigénio dissolvido no curso de água recetor, ou eutrofização. O teor zero de oxigénio resulta na morte dos peixes. Além disso, na indústria da aquacultura são habitualmente utilizados produtos químicos, como antibióticos e agentes de tratamento da água. Os sistemas de aquacultura devem ser fechados ou as suas águas residuais devem ser tratadas antes da descarga. A aquicultura é uma parte da produção de camarão. A maior parte da produção mundial de aquacultura de camarão provém da Ásia. Ao longo da década de 1980, estes grupos investiram milhões de dólares em projectos de aquacultura na Ásia e na América Latina, fornecendo o capital necessário para lançar a indústria da aquacultura. O âmbito e a escala destes investimentos, juntamente com a disponibilidade de terrenos adequados e de uma mão de obra pronta, criaram uma vantagem comparativa para os países asiáticos e latino-americanos. Em particular, sete países [China, Tailândia, Vietname, Indonésia, Equador, Índia e Bangladesh] começaram a dominar os produtores de aquicultura de camarão. Em 1990, estes países eram responsáveis por 84,4% das 680 255 toneladas de camarão cultivadas a nível mundial, uma posição dominante que estes países conseguiram manter nas últimas duas décadas (20 anos). Em 1998, a Ásia foi responsável por quase 36 milhões de toneladas, ou seja, mais de 90% da quantidade global e mais de 80% do valor da produção aquícola. A China é o produtor dominante, representando mais de 75% da produção aquícola total da Ásia, seguida da Índia (5,7%), das Filipinas (2,7%) e da Indonésia (2,3%). O crescimento da aquicultura na Ásia e na América Latina contribuiu para que a produção mundial de camarão se afastasse das economias desenvolvidas, como os Estados Unidos, a Europa, o Japão, o Canadá e a Austrália. Em 2009, apenas 9,1% do camarão foi produzido nos países desenvolvidos, onde o camarão é consumido principalmente, embora apenas algumas décadas antes essas economias fossem as principais fontes de camarão. A produção de camarão deslocou-se particularmente para os países asiáticos, que em 2009 representavam 78,2% da produção total de camarão (FAO, 2009). O camarão também se tornou uma espécie cada vez mais importante nos últimos tempos, como mostra a figura 3. O camarão é normalmente cultivado em condições de água salobra.

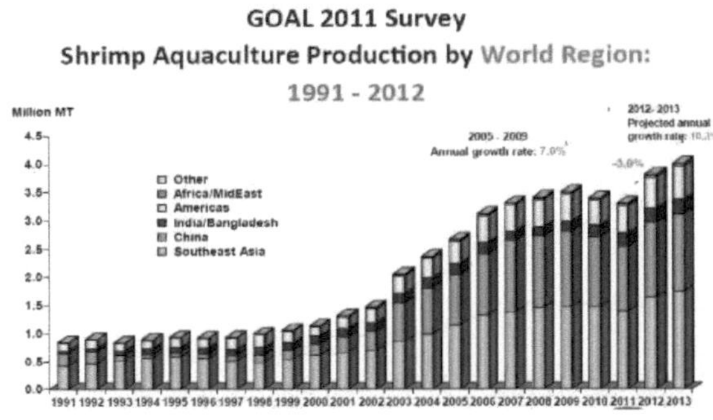

Figura.3 Aquicultura de camarão a nível mundial

O camarão tem sido introduzido e cultivado na Ásia desde meados dos anos 90, sendo a produção na China continental particularmente significativa. No início de 1996, *o L. vannamei* foi introduzido na Ásia para fins comerciais e tem sido praticado até à data. Na Índia, a cultura do camarão vannamei, que se enraizou em Gujarat, Andhra Pradesh e Tamilnadu, expandiu-se agora por muitas partes da Índia devido ao seu rápido crescimento num curto período de tempo em água salobra e água doce. Ao mesmo tempo, a procura de água doce está a aumentar muito, pelo que o âmbito do nosso estudo é o crescimento da água do mar, porque está contida em todo o mundo em 72%, os minerais vestigiais dissolvidos e a salinidade podem variar ligeiramente consoante a zona, mas uma vez que a água do mar natural é essencial para todos os animais marinhos que nela vivem, pode muitas vezes ser uma fonte melhor do que utilizar água doce e uma mistura comercial de sal para fazer soluções, o que pode ser moroso e dispendioso.

OBJECTIVOS

O presente estudo é o relatório sobre a cultura de *L. vannamei* numa exploração de camarões de água salgada na aldeia de Kattumadi, distrito de Pudukottai, Tamilnadu, Índia. O estudo foi efectuado em quatro tanques de cultura com diferentes densidades de povoamento.

- Avaliar o peso corporal e o consumo de ração *da* cultura de *L. Vannamei* na água do mar com diferentes densidades de povoamento.
- Determinar a taxa de produção de sobrevivência para a cultura em tanques em diferentes densidades de povoamento.
- Monitorizar e regularizar parâmetros físico-químicos como pH, DO, Amoníaco e Salinidade com arejamento contínuo.

Capítulo 2

REVISÃO DA LITERATURA

Aquacultura do camarão

O camarão é o produto marinho comercializado mais valioso do mundo atual. A ordem Decapoda inclui espécies comercialmente importantes de camarões, caranguejos e lagostas. Esta ordem compreende cerca de 1.100 géneros com cerca de 8.321 espécies. De acordo com Holthuis (1980), os camarões incluem cerca de 33 géneros com cerca de 2.500 espécies, das quais menos de 300 espécies são de interesse económico em todo o mundo (Kannupandi *et al.,* 2013). Na Índia, foram registadas até agora 84 espécies de camarões, mas apenas 7 são de importância económica: *P. monodon* (Fabricius., 1798), *P. indicus* (Milne Edwards., 1837), *P. semisulcatus* (De Haan., 1844), *P. japonicas* (Bate., 1888), *P. merguiensis* (De Man., 1888), *P. penicillatus* (Alocock., 1905) e *L. vannamei* (Boone., 1931). Especificamente, crescem principalmente 4 espécies *P. monodon* (Fabricius., 1798), *P. indicus* (Milne Edwards., 1837), *P. japonicas* (Bate., 1888) e *L. vannamei* (Boone., 1931). Ao mesmo tempo, existem 70 espécies de camarão na Austrália, mas apenas 10 são de importância económica: Camarão banana, camarão Endeavour, camarão tigre, camarão rei e camarão mancha vermelha são alguns dos nomes utilizados para diferentes espécies ou grupos de espécies (Greyetal., 1983; Poore., 2004). Atualmente, existe uma procura contínua de camarão nos mercados mundiais (Wickins et al., 1978).

História da criação de camarões

A cultura de várias espécies de camarões marinhos tem-se desenvolvido nas últimas três décadas. No início, os camarões marinhos eram cultivados no Sudeste Asiático por agricultores que os criavam como culturas acidentais em tanques (Jory *et al.,* 2003). No entanto, a criação de camarão marinho foi lançada em 1934, quando o Dr. Motosaku Fujinaga conseguiu dominar a técnica de criação de larvas do camarão *Marsupenaeus japonicas.* Em 1964, tornou-se possível produzir pós-larvas de camarão, artificialmente e em grandes quantidades, a partir de fêmeas grávidas capturadas no mar. A produção em massa de juvenis permitiu o desenvolvimento comercial de camarões de viveiro no Japão no mesmo ano. Posteriormente, partilhou generosamente as suas descobertas, publicando artigos sobre o seu trabalho. No início da década de 1970, muitos investigadores e empresários de vários países como França, EUA, China e Taiwan começaram a investir no cultivo de camarão (Chim *et al.*, 2001). Ao longo dos anos, foram feitos enormes progressos no desenvolvimento de técnicas de cultivo de camarão. A cultura do camarão evoluiu de uma forma extensiva, utilizando zonas de maré, para uma forma super-intensiva na década de 2000, utilizando tanques mais interiores (Rosenberry *et al*, 2004). Existem cerca de cinquenta países com operações de cultivo de camarão (FAO., 2007). Os principais trabalhos de investigação efectuados sobre o cultivo global de camarão incluem (Wyban *et al.*, 1992; Wickins *et al.*, 2002; Rosenberry *et al.*, 2001).

A criação moderna de camarões, a produção de camarões marinhos em represas, lagos, canais e tanques, começou no início da década de 1970 e, atualmente, mais de cinquenta países têm explorações de camarões. No hemisfério oriental, a Tailândia, o Vietname, a Indonésia, a Índia e a China são os líderes, e a Malásia, Taiwan, Bangladesh, Sri Lanka, Filipinas, Austrália e Myanmar (Birmânia) têm grandes indústrias. No hemisfério ocidental, México, Belize, Equador e Brasil são os principais produtores, e há fazendas de camarão em Honduras, Panamá, Colômbia, Guatemala, Venezuela, Nicarágua e Peru. Os países importadores de camarão - os Estados Unidos, a Europa Ocidental e o Japão - especializam-se na criação "intensiva" de camarão de alta tecnologia (mais sobre isto abaixo), mas, até à data, a sua produção tem sido insignificante. No Médio Oriente, a Arábia Saudita e o Irão são os países que produzem mais camarão de viveiro (Bob Rosenbrrry., 2005).

O camarão branco Vannamei foi introduzido pela primeira vez na Tailândia em 1999. Os alevins de camarão foram introduzidos ilegalmente para cultivo na província de Surajthani, no Sul da Tailândia, e foram considerados bem sucedidos. No entanto, para poder ser vendido, o produto tem de ser transportado para Singapura. Esta situação deve-se ao facto de, na altura, a marca de produto camarão branco não estar disponível no país. Desde 2001, os alevins são introduzidos ilegalmente no país para cultura, de tempos a tempos, até 2002, altura em que o Governo Real da Tailândia, através do DOF, lançou oficialmente o regulamento relativo à importação de reprodutores de camarão branco (libertação). Seria necessário obter a certificação de indemnidade de doenças de WSSV, IHNNV, TSV e YHV. As primeiras importações de camarão branco registaram alguns problemas de surto de doenças, especialmente de TSV e IHHNV. A regulamentação das importações terminou no início de 2003. Desde então, verificou-se uma escassez de reprodutores de boa qualidade, pelo que o DOF autorizou novamente a importação de reprodutores de camarão branco em junho de 2004, ao abrigo da Lei das Pescas B.E. 2547. Este regulamento é necessário para registar as fontes dos camarões, que têm de ser aprovadas pelo DOF antes da importação (Tookwinas *et al.*, 2005).

A criação de camarão na Índia, até 2009, era sinónimo de monocultura de *P. monodon.* Cerca de 1,90,000 ha de área de água salobra foram desenvolvidos para a cultura de camarão no país, espalhados por todos os estados costeiros. Desde 1995, a cultura de *P. monodon* é afetada pelo WSSV e o desenvolvimento da criação de camarão estagnou. A maioria dos países do Sudeste Asiático, como a Tailândia, o Vietname e a Indonésia, também cultivava *P. monodon* e, a partir de 2002, a maior parte deles passou a cultivar o camarão exótico *L. vannamei* devido à disponibilidade de reprodutores SPF e SPR. Na Índia, a introdução em escala piloto do *L. vannamei* foi iniciada em 2003 e, após um estudo de análise de risco, a introdução em larga escala foi autorizada em 2009 (Annie e Vivekananda., 2012).

Modo de cultura do camarão

Os viveiros de cultivo de camarão podem ter diferentes formas e dimensões. Os sistemas de cultura de camarão são classificados por densidades de povoamento, por exemplo, extensivo, semi-intensivo, intensivo com elevada densidade de povoamento e intensivo com densidade de povoamento muito elevada. Estas formas de intensidade são aplicadas em muitos países, como a Tailândia, a Indonésia, o Bangladesh, o Vietname, a Índia, a Malásia, Taiwan, o México e o Equador. As explorações mais intensivas estão localizadas em Taiwan, no Japão e nos EUA (Jory *et al,* 2001).

À medida que as densidades aumentam, a tecnologia torna-se mais sofisticada, os custos de capital aumentam e a produção por unidade de espaço aumenta drasticamente (Rosenberry., 2001). Por conseguinte, os aquicultores precisam de investir mais quando efectuam uma cultura intensiva de camarão. O modo de cultivo depende muito das condições específicas da região. O cultivo extensivo ou tradicional é normalmente encontrado em países pobres com baixos custos de terra, mão de obra, capital e energia. Recentemente, as fazendas de camarão em muitos países tentam reduzir a troca de água e, portanto, reduzir o volume de água necessário para produzir camarão. As fazendas de camarão podem produzir duas, três ou mais safras por ano, dependendo das condições de cultivo (Jory *et al.*, 2003; Phuoc., 2008).

Desenvolvimento da produção de camarão

Em 1975, a captura total foi superior a 1,25 milhões de toneladas, das quais 50% foram consumidas pelo Japão e pelos Estados Unidos da América (Wickins *et al.*, 1978). O camarão de viveiro representa 55% do camarão produzido a nível mundial (http://worldwildlife.org/industries/farmed-shrimp). Cerca de 75% do camarão de viveiro é produzido na Ásia (China, Tailândia, Vietname, Indonésia, Equador, Índia e Bangladesh) e 25% do camarão de viveiro produzido noutros países (Austrália, Japão, Estados Unidos e Europa Ocidental) (Audun Lem., 2011).

Em 1996, a FAO reconheceu o enorme aumento do desenvolvimento da produção de camarão, que passou de 0,4 milhões de toneladas em 1986 para mais de 0,92 milhões de toneladas em 1994. Em geral, o desenvolvimento da cultura do camarão na Austrália foi lento, em contraste com outros países das regiões da Ásia e da América Latina. Para além dos entraves regulamentares governamentais que se considera estarem a atrasar o desenvolvimento da aquicultura, existem também alguns empreendimentos falhados durante o final da década de 1970 e até ao início da década de 1990, quando o sector era dominado por um pequeno número de grandes produtores. Em 1995-96, a ABARE estimou que 83% da produção total era assegurada por 42% das explorações.

A produção mundial total de camarão de viveiro atingiu mais de 1,6 milhões de toneladas em 2003. E a recente captura mundial de camarão é de cerca de 3,4 milhões de toneladas por ano, sendo a Ásia a zona mais notável para a pesca do camarão. A produção mundial de camarão, tanto capturado como cultivado, é de cerca de 6 milhões de toneladas, das quais cerca de 60 % entram no mercado mundial. O camarão é atualmente o mais importante produto da pesca comercializado internacionalmente em termos de valor. Em muitos países tropicais em desenvolvimento, é o produto da pesca mais valioso para exportação; o aspeto do emprego é também significativo. A importância económica do camarão tem de ser conciliada com uma preocupação considerável sobre os impactos ambientais da pesca do camarão (Gillett., 2008).

As estatísticas da FAO mostram que a produção total cultivada de *L. vannamei* aumentou regularmente de 8 000 toneladas em 1980 para 194 000 toneladas em 1998. Após um pequeno declínio em 1999 e um declínio mais significativo em 2000 devido à chegada do vírus da febre aftosa à América Latina, os dados da FAO mostram um rápido aumento da produção para mais de 1386 000 toneladas em 2004, devido à rápida propagação recente desta espécie para a Ásia. Os principais países produtores em 2004 foram: China (700 000 toneladas), Tailândia (400 000 toneladas), Indonésia (300 000 toneladas) e Vietname (50 000 toneladas).As estimativas de produção para as principais nações produtoras na Ásia. De acordo com a FAO, a produção de camarão aumentou substancialmente nos países asiáticos durante 2006-2010, com taxas de crescimento médias anuais superiores a 5%. No entanto, o crescimento neste período foi mais lento do que o registado durante 2000-2006, quando as taxas de crescimento médio anual atingiram 18%. A maioria dos inquiridos asiáticos esperava que a produção de camarão diminuísse em 2011 e 2012 devido aos impactos de uma nova vaga de doenças. Os maiores declínios deverão ocorrer na China, Tailândia, Vietname e Malásia, onde a produção deverá cair 5, 7, 21 e 36% por ano, respetivamente, entre 2011 e 2012. No entanto, a maioria dos inquiridos esperava assistir a uma recuperação, pelo menos parcial, em 2013 e 2014. Em contraste, os inquiridos da Indonésia e da Índia projectaram aumentos constantes da produção entre 2010 e 2014, com taxas de crescimento médias anuais de 3 a 15%, respetivamente. A expansão do cultivo de camarão na Índia será impulsionada por aumentos na produção de camarão branco, *L. vannamei* (James *et al.*, 2012).

Área de estudo

Pudukkottai é um dos pequenos distritos de Tamilnadu com uma área de 4651 quilómetros quadrados. Este novo distrito foi formado após o recenseamento de 1971, em 14 de janeiro de 1974. O distrito situa-se entre 78,25 graus e 79,15 graus de longitude leste e 9,50 graus e 10,40 graus de latitude norte. Este distrito faz fronteira com Tiruchirapalli, um importante distrito industrial a norte, com o distrito de Thanjavur, o celeiro de Tamilnadu, a nordeste da Baía de Bengala, a leste, e com Ramanathapuram, a sul. Tem uma população de 1 459 601 habitantes, de acordo com o Censo de 2001. A nossa área de estudo é a aldeia costeira de Kattumavadi (Lat. 10°4'N; Long. 79°12'E), com uma linha de costa de cerca de 39 kms.

No total, foram identificadas 10 aldeias em 2 Taluks para os abrigos de evacuação propostos neste distrito. Os pormenores relativos às aldeias são apresentados a seguir.

Manamelkudi Taluk

1. Pillayarthidal
2. Manamelkudi
3. Avudaiyarpattinam
4. Periyamadaippaichal
5. Mumbalai
6. Kottaipattinam

Taluk de Avudaiyarkovil

7. Nattanipurasakudi -1
8. Nattanipurasakudi -2
9. Mimisal
10. **Kattumavadi (Lat. 10°4'N; Long. 79°12'E)**

Figura.4 Imagem do mapa distrital de localização da área de estudo

Figura.5 Imagem de satélite da localização da zona de estudo

Precipitação e clima

O estudo mostra a distribuição das condições de precipitação e temperatura no distrito de Pudukkottai. Este distrito é quente e seco, exceto nas zonas costeiras, onde o calor é, em certa medida, contido pela brisa marítima. janeiro e fevereiro constituem um período agradável, com dias quentes e noites frescas. A precipitação média no distrito de Pudukkottai é de 821 mm. As monções do noroeste recebem a precipitação mais elevada, com 397 mm, seguidas das monções do sudoeste, que recebem 303 mm de precipitação. A precipitação de verão e de inverno é de 81 mm e 40 mm, respetivamente. A precipitação média mostra que a precipitação é mais elevada na parte sudeste do distrito de Pudukkottai, que inclui os blocos costeiros de Manalmelkudi e Avudayarkoil. Diminui gradualmente em direção ao nordeste, onde a precipitação média anual é a mais baixa em Malaiyur. A temperatura é muito elevada durante o verão, baixa durante o inverno e moderada nos outros meses.

A precipitação ocasional é escassa em comparação com a precipitação abundante nos distritos adjacentes. A monção do nordeste é a mais abundante. A estação das chuvas divide-se em quatro grupos.

1. inverno de janeiro a fevereiro
2. verão, de março a maio
3. Monção do sudoeste de junho a setembro
4. Monção do Nordeste de outubro a dezembro

Pesca

O comprimento da linha costeira do distrito de Pudukkottai é pequeno quando comparado com os outros distritos costeiros de Tamilnadu. Existem cerca de 16 grandes aldeias piscatórias situadas ao longo dos seus 45 km de costa no taluk de Arantangi. Cerca de 2000 pescadores dedicam-se ativamente à pesca. As operações de pesca são maioritariamente efectuadas por barcos rurais, que totalizam cerca de 720. Contudo, nos últimos anos, foram introduzidos barcos mecanizados e, atualmente, os pescadores utilizam cerca de 45 barcos de pesca mecanizados.

Os principais centros de desembarque de peixe são Kottaipattinam, Adirampattinam, Pudupattinam, Muttukadu, Gopalapatinam, Krishnajipatnam e **Kattumavadi**. A captura anual de peixe é estimada em 6500 toneladas. Existem 10 sociedades cooperativas de pescadores marinhos com 2200 membros. A pesca em águas interiores limita-se principalmente a tanques e lagos nos taluks de Alanudi, Thirumayam e Kulattur. Os tanques do distrito de Pudukkottai, embora numerosos e ligados entre si, dependem sobretudo da chuva e, em parte, de cursos de água sazonais.

Intervalos de parâmetros físico-químicos da água da aldeia costeira de Kattumavadi

A temperatura atmosférica variou de 28°C a 32,50°C com o mínimo (28,0°C) durante a estação das monções e o máximo (32,5°C) durante a estação do verão. A temperatura máxima da água à superfície (32,0°C) foi registada durante a estação do verão e a mínima (27,5°C) foi registada durante a estação da monção. A salinidade variou entre 26,0 ppt e 34,5 ppt, registando o máximo durante a estação pré-monção e o mínimo durante a estação pós-monção. A concentração máxima (8,35) de iões de hidrogénio (pH) foi registada durante a estação do verão e a mínima (7,95) durante a estação da monção. O teor de oxigénio dissolvido variou de 4,15 a 7,18 ml, com o mínimo durante o verão e o máximo durante a estação pós-monção.

Capítulo 3

MATERIAIS E MÉTODOS

O estudo foi realizado com experiências de cultura de camarão branco do Pacífico *(L. vannamei)* para avaliar o rácio de produção ótimo de diferentes densidades de povoamento.

Local e duração

Esta experiência foi realizada entre dezembro de 2013 e abril de 2014, durante 145 dias, na exploração aquática IVC na aldeia de Kattumadi, distrito de Pudukottai, Tamilnadu, Índia.

Figura.6 Parque aquático IVC

Fase - 1

Os primeiros 15 dias para iniciar a preparação do tanque e introduzir as sementes de camarão com arejamento até à fase de colheita.

Tamanho do tanque

A experiência está a ser feita num tanque com 0,65 hectares. Um total de quatro tanques, cada tanque tem uma altura de 200 cm e o nível da água tem uma altura de 150 cm.

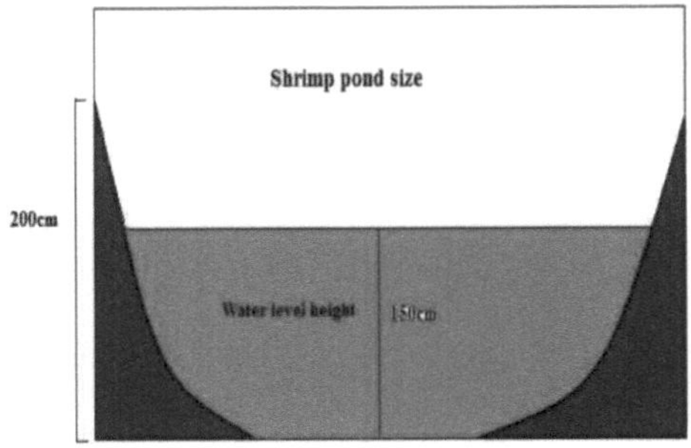

Figura.7 Conceção do tanque de camarões

Rácio de produção ótimo da superfície de densidade animal

A experiência foi realizada para avaliar o rácio de produção ótimo de diferentes densidades de povoamento do camarão branco do Pacífico *(L. vannamei).* Esta experiência foi efectuada em 4 tanques (A_1, A_2 , A_3 e A_4) com uma área experimental total de 2,6 hectares. O quadro mostra

Tabela.1 Dimensão da lagoa

Lagoa	Área (hectares)
Ai	0.65
^2	0.65
A3	0.65
A4	0.65

Preparação do tanque

Raspagem da área da lagoa em 2 - 3 polegadas e aragem da lagoa com trator. Após uma semana, o tanque foi seco e a água foi bombeada diretamente do mar. A água do mar atinge 150 cm de altura do tanque e depois adiciona-se hipoclorito de sódio em pó com um nível de concentração de 10ppm. Manter a água durante 2 a 3 dias para remover o odor da água do tanque com descloragem. Adicionar cal em pó e esperar um dia, após o qual aplicar probióticos para desenvolver a floração. Após o desenvolvimento da floração, as sementes de *L. vannamei* são introduzidas no tanque e depois processadas com monitorização regular do pH, DO, amoníaco, salinidade e consumo de ração. Foi tomado o maior cuidado para manter a salinidade da água do tanque entre 25 e 35 ppt.

Figura.8 Bombagem de água do mar

Camarão

As sementes de camarão PL12 *L. vannamei* foram adquiridas numa incubadora em Marakkanam, distrito de Villupuram. As experiências foram efectuadas em 4 tanques durante 145 dias. Os camarões foram alimentados com ração comercial para camarões quatro vezes por dia, às 07:00, 12:00, 17:00 e 22:00. A ração foi colocada num tabuleiro de alimentação de 25 x 25 cm que foi colocado no fundo de cada tanque após o tempo de alimentação de 2 horas para verificar o tabuleiro de alimentação para descobrir o consumo.

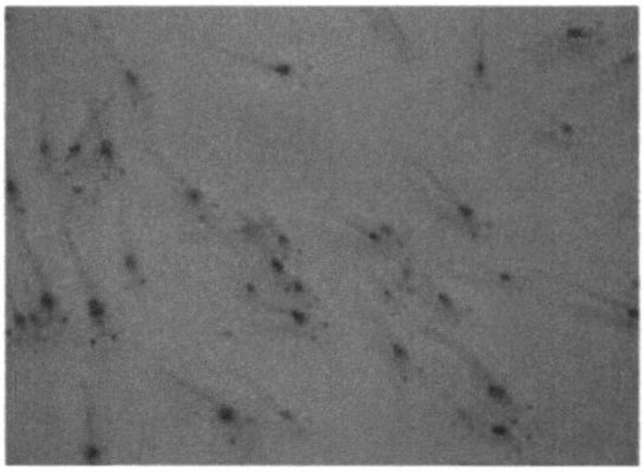

Figura.9 PL_{12} stage *L. vannamei* species from hatchery image

Aeração

Os aeradores são usados para manter o DO e fornecer ar no tanque.

Figura.10 Aerador desligado e ligado para fornecimento de ar

Fase - 2

Após a introdução das sementes de camarão, são analisados semanalmente os parâmetros físico-químicos. Na altura em que o processo de tratamento de troca de água também é iniciado após 50 dias de período de cultura. Deve ser mantido o pH, o DO, o amoníaco e a salinidade da água dos quatro tanques (A1, A2, A3 e A4). O consumo de ração também é registado.

Composição dos alimentos

Os alimentos para animais são fornecidos pela CP Aqua cultural [India] Private Limited, que é o fornecedor número um de alimentos para animais na Ásia. As rações contêm vários tipos, dependendo do tamanho do camarão, como mostra o quadro da composição das rações para camarões

Quadro.2 Composição dos alimentos para camarões

Código de alimentação	Tipos	Tamanho (mm)
01	Crumble fino	0.42
02	Crumble	0.89
03	Crumble	1.41
04	Pellets	2.3X3.5
05	Pellets	2.3X4- 5

Análise do consumo de alimentos para animais

A alimentação é efectuada em quatro tanques por dia. O consumo é calculado com base no peso

Equilíbrio.

Figura.11 A alimentação é medida utilizando uma balança de peso

Método de análise da água

- Kit de teste DO (Método: Titulação 200 determinações),
- Kit para ensaio do amoníaco (Método: Colorimétrico 200 determinações),
- Medidor de pH/papel de pH, e

\- Refratómetro.

Análise da água

Durante o período de cultura, os parâmetros analisados no local, no laboratório da casa, foram o pH medido com papel de pH, a salinidade medida com refratómetro, o DO e a amónia analisados com o kit.

Estimativa do DO

Procedimento:

1. Recolher a amostra de água a 30 cm de profundidade da lagoa, mergulhando a garrafa DO e fechando-a com a rolha debaixo de água, sem bolhas de ar na garrafa.
2. Retirar o frasco de DO da água, abrir o frasco e adicionar 3 gotas do reagente - 1, seguidas de 3 gotas do reagente - 2, fechar com a rolha e misturar invertendo o frasco cerca de dez vezes. Depois disso, as misturas tornam-se coloidais.
3. Abrir a rolha e adicionar 3 gotas do reagente - 3 e misturar invertendo o frasco várias vezes até se observar uma dissolução completa.
4. Encher a amostra da garrafa DO no recipiente de medição até à marca de 5 ml.
5. Adicionar 1 gota do reagente - 4 e misturar. A cor da mistura muda para azul escuro.
6. Adicionar gota a gota o reagente - 5 e misturar bem após a adição de cada gota até que a cor mude de azul-escuro para incolor, contando o número de gotas.

Cálculo:

Cada 1 gota de reagente = 0,5 ppm

Estimativa do amoníaco

Procedimento:

1. Lavar o recipiente de medição com a amostra de ensaio e encher até à marca de 5 ml.
2. Adicionar 2 gotas do reagente amoníaco-1 e misturar,
3. Adicionar 2 gotas do reagente amoníaco-2 e misturar,
4. Adicionar 2 gotas do reagente amoníaco-3 e misturar,
5. Adicionar 4 gotas do reagente amoníaco-4 e misturar,
6. Após 20 minutos, comparar a cor (ver a cor na vista superior do recipiente de medição) com

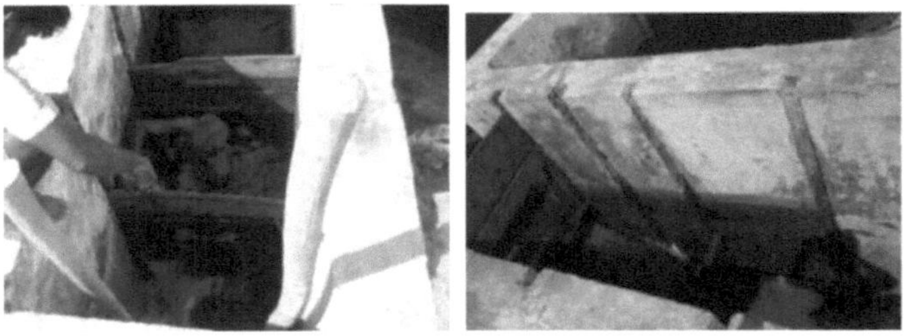

a banda de cores.

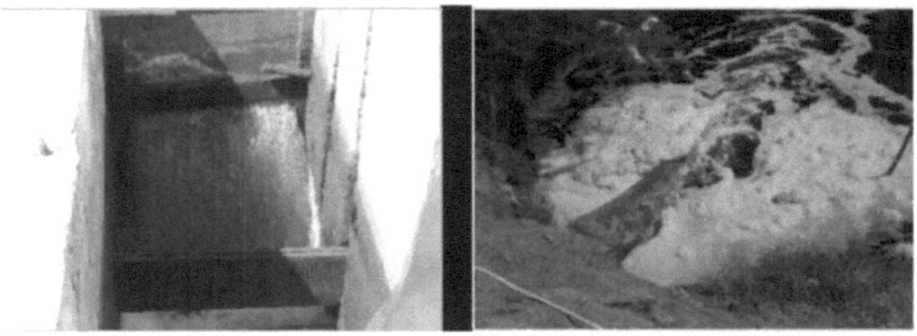

Cálculo:

Depende das alterações de cor presentes no amoníaco calculado

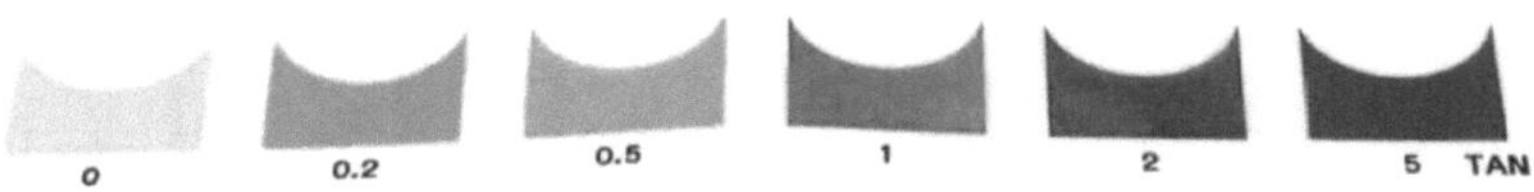

Troca/tratamento de água

O processo de troca de água começa após 50 dias de cultivo. Os parâmetros de qualidade da água foram monitorizados quinzenalmente no laboratório. Os níveis de pH, DO, amoníaco e salinidade foram medidos in situ e mantidos constantemente.

Figura.12 Descarga de água do tanque

Figura.13 Mistura de produtos químicos no tratamento da água do tanque

Fase - 3

Após 60 dias de período de cultura, são analisados semanalmente a sobrevivência, o peso, a taxa de crescimento e a biomassa do camarão. Caso se verifique que o crescimento está a diminuir, inicia-se um processo de tratamento da água que ajuda a aumentar o crescimento e a produção de camarão. Finalmente, no final de 140th dias, o camarão adulto completo é colhido.

Análise de sobrevivência do camarão

Um metro quadrado de rede é colocado na água do lago e 25 números de indivíduos de camarão são submetidos a análise durante 14 dias. Após 14 dias, a quantidade de camarão sobrevivente foi calculada utilizando a seguinte fórmula

$$\text{Sobrevivência (\%)} = X \; \frac{\text{Número de espécies de camarões}}{\text{Espécie inicial de camarão}} \; 100$$

Recolha de dados

Após 60 dias, todas as espécies de camarão de cada tanque foram amostradas aleatoriamente em intervalos de duas semanas para avaliar o peso corporal do camarão, a taxa de crescimento e a biomassa total. A biomassa total foi estimada utilizando a seguinte fórmula.

$$\text{Peso corporal (gm)} = \frac{\text{2kg}}{\text{N.º de pedaços de camarão}}$$

$$\text{Biomassa total (kg)} = \frac{\text{Número de pedaços de camarão x Peso corporal}}{1000}$$

$$\text{Taxa de crescimento /dia} = \frac{\text{Crescimento quinzenal (peso atual - peso anterior)}}{\text{N.º de dias}}$$

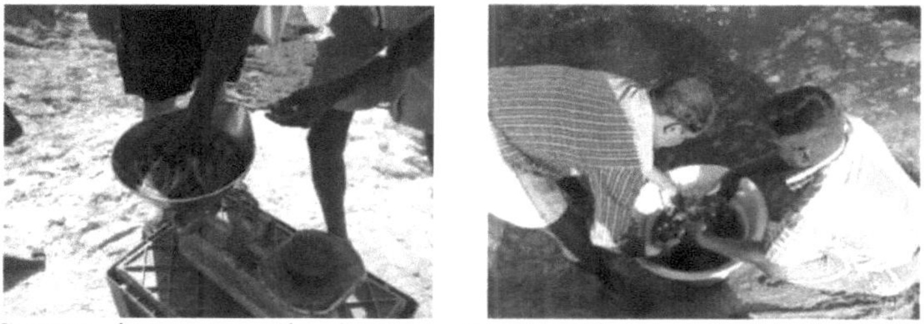

Figura.14 Camarão duas semanas depois para avaliar a taxa de crescimento e o peso corporal

ANÁLISE ESTATÍSTICA

A ferramenta Microsoft Office Excel analisa a ANOVA de duas vias e a análise de clusters. A ANOVA de duas vias é utilizada para conhecer a significância estatística entre os viveiros e dentro dos viveiros no que respeita à qualidade da água e à sobrevivência do camarão. A análise de clusters é aplicada para descobrir os viveiros semelhantes com base nos parâmetros de qualidade da água e nos parâmetros de crescimento, para finalmente sugerir o melhor viveiro com crescimento elevado e baixa taxa de mortalidade.

Capítulo 4

RESULTADOS E DISCUSSÃO

Este estudo foi realizado na IVC Aqua Farm, aldeia de Kattumadi, distrito de Pudukottai, Tamilnadu, Índia. O estudo foi efectuado e os resultados são apresentados relativamente ao peso corporal do camarão, biomassa, taxa de crescimento, taxa de consumo de ração, qualidade da água do tanque e produção de sobrevivência no crescimento de diferentes densidades de povoamento de espécies de camarão nos tanques.

Descrição das espécies

O camarão branco do Pacífico *(L. vannamei)* Holthuis, L.B. (1980), Boone (1931), Perez farfante (1969), foi classificado taxonomicamente da seguinte forma

Filo: Arthropoda

Classe: Crustáceos

Subclasse: Malacostraca

Série: Eumalacostraca

Super ordem: Eucarídeos

Ordem: Decapoda

Subordem: Natantia

Secção: Penaeidea

Família: Penaeidae

Subfamília: Penaeinae

Género: *Penaeus*

Subgénero: *Litopenaeus*

Espécies: *Litopenaeus vannamei*

Morfologia *de Litopenaeus vannamei*

A anatomia externa do *L. vannamei* é caracterizada por um cefalotórax com um rostro duro caraterístico (Figura 4). A maioria dos órgãos internos como brânquias, coração, órgão linfoide, haepatopâncreas e estômago estão localizados no cefalotórax, enquanto os músculos se concentram no abdómen. Na região da cabeça, as antenas e as antenas desempenham funções sensoriais. Na região do tórax, os maxilípedes são os três primeiros pares de apêndices, modificados para a manipulação de alimentos, e os cinco pares restantes são as patas andantes (pereópodes). No abdómen encontram-se cinco pares de patas natatórias (pleópodes).

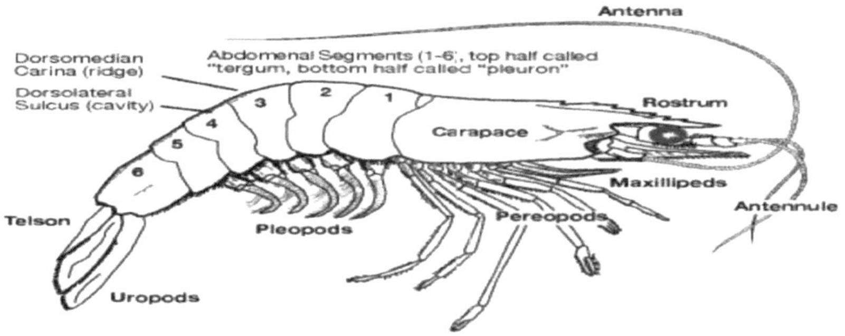

Figura.15 Anatomia externa do *L. vannamei*

Ciclo de vida do camarão

O acasalamento e a desova, por exemplo, nos peneídeos, ocorrem geralmente à noite. O número máximo de ovos postos de cada vez é de cerca de 1.000.000 por fêmea. Os ovos eclodem no prazo de 16 horas após a fertilização. As fases larvares compreendem náuplios (6 fases), protozoários (3 fases) e 3 fases de mysis (Figura 5). A fase subsequente é a fase juvenil, em que as zonas de água salobra servem de viveiro.

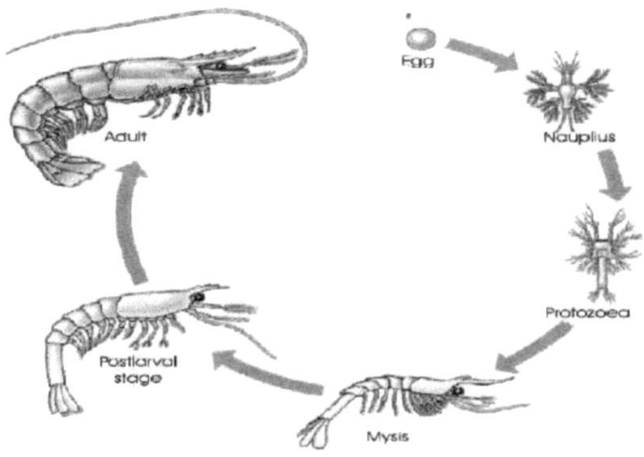

Figura.16 O ciclo de vida dos peneídeos.

Os ovos eclodem 16 horas após a fertilização. As fases larvares compreendem náuplios (6 fases em 2 dias), protozoários (3 fases em 5 dias), mysis (3 fases em 4-5 dias) e megalopa (6-35 dias). A megalopa e o juvenil inicial são designados por pós-larvas. A transição de juvenil para sub-adulto demora 135-255 dias e, subsequentemente, a maturidade sexual completa-se em 10 meses.

Em cerca de 4 meses, os juvenis transformam-se em subadultos. A fase subadulta começa com o início da maturidade sexual, quando os camarões migram do viveiro para as zonas de desova. Após 4 meses, é possível atingir a fase adulta, que se caracteriza pela conclusão da maturidade sexual.

Biologia

O L. vannamei é originário da costa do Pacífico do México e da América Central e do Sul, até ao sul do Peru. Encontra-se principalmente em fundos de lama, até uma profundidade de 75 m. É vulgarmente conhecido como camarão de patas brancas ou camarão branco mexicano. A sua cor é branco-acinzentada. O peso máximo das fêmeas na natureza é de cerca de 120 g. Os machos são mais pequenos, com 60-80 g. Vive na coluna e prefere solos argilosos. O crescimento a 30°C é muito mais elevado do que a 25°C. O intervalo ótimo de temperatura para esta espécie situa-se entre 30 e 34°C. A 20°C o crescimento pára praticamente. Pode tolerar níveis de salinidade de 0 a 50 ppt. O crescimento é uniforme entre 10-40 ppt.

Também podem crescer em água doce, mas o crescimento é lento abaixo de 10 ppt. A gama de pH de 7 a 9 é tolerada com um crescimento ótimo a pH 8,0. São necessários níveis de oxigénio dissolvido superiores a 4,5 ppm para um crescimento ótimo. A água turva com partículas floculadas de mais de 0,5 microns resultou num melhor crescimento do que a água limpa, principalmente devido à presença de algas e bactérias. Os níveis de amoníaco - N e de nitrito - N devem ser inferiores a 0,1 ppm e 1 ppm, respetivamente.

O L. vannamei é um necrófago omnívoro e é menos agressivo e menos carnívoro do que *o P. monodon.* A ingestão de alimentos é maior ao fim da tarde e à noite. O tempo de retenção do alimento no intestino é de 2,2 a 5 horas. Os alimentos são digeridos a uma acidez modesta de pH 5,5-7,0. O crescimento *do L. vannamei,* em condições de cultura confinada, foi semelhante ao *do P. monodon* até atingir o tamanho de 20g. Para além disso, a taxa de crescimento foi fraca. Os camarões atingiram o tamanho de 20g num período de 100-120 dias, dependendo da densidade de povoamento.

RESULTADOS DA ALIMENTAÇÃO

Os camarões são alimentados com a composição de ração descrita, caracterizada de acordo com o nível de crescimento dos camarões. O consumo diário de ração para cada tanque é mostrado na tabela e no gráfico abaixo.

Tabela.3 Consumo de ração dos camarões em cada tanque.

Data da contagem	Consumo de ração (Kg)			
	Lagoa A1	**Lagoa A2**	**Lagoa A3**	**Lagoa A4**
001-144	12,723	13,835	11,149	10,921

Figura.17 Consumo de ração dos camarões em cada tanque

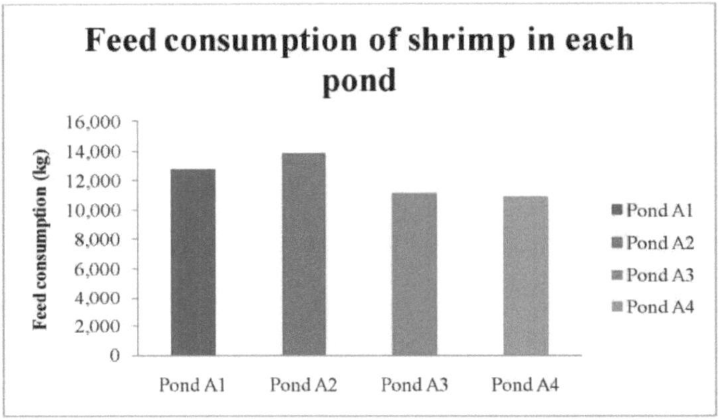

O consumo total de ração está resumido na tabela e na figura acima. Em relação a todos os quatro tanques, o tanque A2 consumiu a maior quantidade de ração durante todo o período de estudo. O tanque A4 tem o menor consumo de ração, enquanto que os outros dois tanques têm consumido moderadamente.

Resultado da análise da qualidade da água

A qualidade da água é monitorizada nos tanques de cultura em intervalos regulares de tempo com arejamento contínuo. Os parâmetros físico-químicos como pH, amoníaco, DO e salinidade são analisados e os resultados são tabulados abaixo.

Tabela.4 Qualidade da água de quatro lagoas

DOC	Parâmetros															
	pH				Amoníaco (ppm)				DO(ppm)				Salinidade (ppt)			
	Lagoa A1	Lagoa A2	Lagoa A3	Lagoa A4	Lagoa A1	Lagoa A2	Lagoa A3	Lagoa A4	Lagoa A1	Lagoa A2	Lagoa A3	Lagoa A4	Lagoa A1	Lagoa A2	Lagoa A3	Lagoa A4
0	7.00	7.00	7.00	7.00	0.00	0.00	0.00	0.00	4.00	4.00	3.50	4.00	27	28	26	28
10	7.20	7.00	7.25	6.75	0.00	0.25	0.00	0.00	4.00	4.50	4.00	3.50	30	31	31	30
18	7.50	7.50	7.00	7.25	0.00	0.50	0.00	0.25	4.25	4.00	4.50	3.50	33	32	32	33
26	7.25	6.50	8.25	8.00	0.25	0.00	0.25	1.00	3.50	3.50	4.00	4.00	34	32	34	34
34	8.00	7.25	8.00	8.25	0.50	0.50	0.25	0.00	3.00	3.50	4.00	4.50	32	30	32	32
42	8.75	7.75	6.50	7.75	0.25	0.25	0.25	0.00	4.00	3.50	4.50	4.50	34	33	35	34
50	7.50	6.50	8.00	7.50	0.50	1.00	1.75	0.50	3.50	4.50	4.00	4.00	34	35	34	35
58	7.75	7.25	7.25	7.50	1.75	2.00	2.00	2.00	3.50	4.00	4.50	4.00	33	34	35	34
66	7.50	7.50	7.50	7.25	2.00	2.00	1.00	2.00	4.00	4.00	4.00	4.50	34	35	36	35
74	8.25	7.25	7.00	7.50	1.00	1.75	1.75	1.00	3.50	3.50	4.00	4.00	33	34	33	36
82	8.00	8.00	7.75	7.50	1.75	1.75	1.75	2.00	4.00	4.00	3.50	4.00	34	35	34	37
90	7.25	7.25	8.00	7.25	2.00	2.00	1.75	1.75	4.50	4.50	4.00	4.50	35	33	36	34
98	7.50	8.00	7.25	7.50	1.00	1.00	2.00	2.00	4.00	4.00	4.50	4.00	35	33	34	35

106	7.00	7.50	7.50	7.25	1.75	2.00	1.00	2.00	4.00	4.00	4.00	4.50	36	35	34	37
114	7.75	7.25	7.00	7.50	1.75	1.75	1.75	1.00	3.50	4.50	4.00	4.00	37	36	35	36
121	7.50	7.25	7.00	7.50	1.50	1.00	1.00	1.00	4.00	4.00	4.00	4.00	37	36	37	37
128	7.50	8.00	7.50	7.25	2.00	1.75	2.00	1.75	4.00	4.00	4.50	4.00	34	35	34	37
135	7.00	7.50	7.25	7.50	1.00	2.00	1.00	2.00	3.00	3.50	3.50	4.50	35	37	36	35
142	7.50	8.00	7.50	7.00	2.00	1.00	2.00	1.00	4.00	3.50	4.00	4.00	36	37	36	37

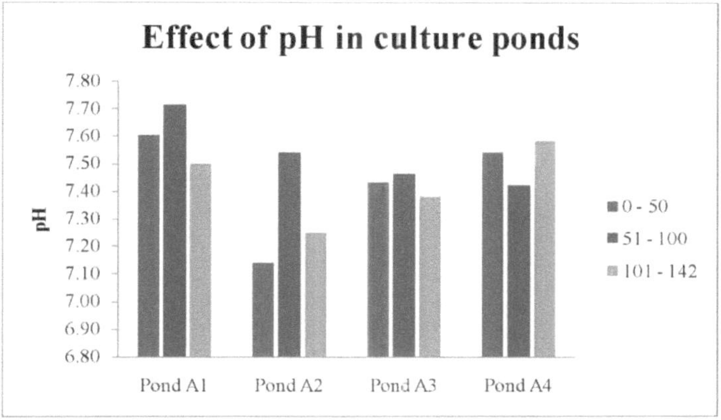

Figura.18 Efeito do pH nos tanques de cultura

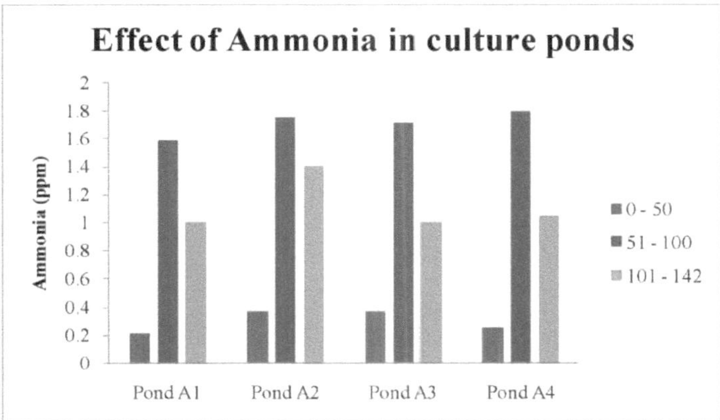

Figura.19 Efeito do amoníaco nos tanques de cultura

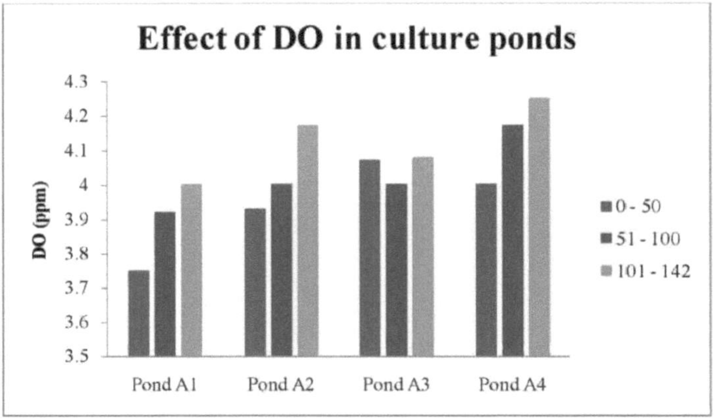

Figura.20 Efeito do DO nos tanques de cultura

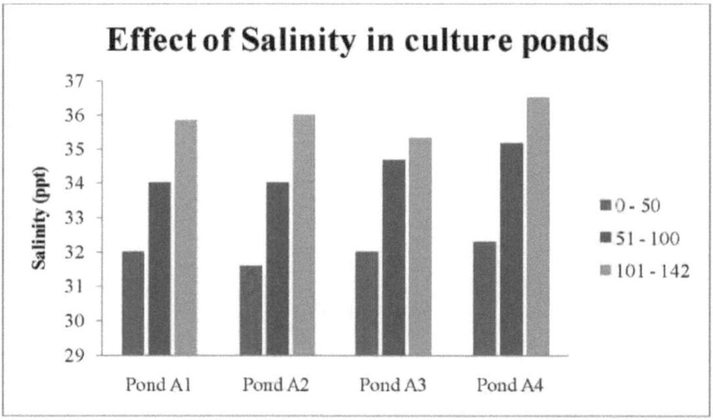

Figura.21 Efeito da salinidade nos tanques de cultura

As análises da qualidade da água para os tanques de cultura estão resumidas na tabela acima e expressas graficamente com o pH da água do tanque, amónia, DO e salinidade (figuras 18, 19, 20 e 21). Para os quatro viveiros de cultura, uma flutuação média geral da leitura do pH foi entre 7,14 e 7,71, além disso, o viveiro A1 exibe uma faixa de pH alta do que todos os outros viveiros e é notado que não há flutuação até o final do período de crescimento do camarão. Os valores de amoníaco oscilaram entre 0,21 ppm e 1,79 ppm em todos os viveiros. Observa-se que a percentagem de amoníaco aumenta apenas a meio do período de crescimento do camarão e que os problemas de mortalidade são notórios em todos os quatro viveiros. Em relação ao amoníaco, o tanque A4 apresenta o valor mais elevado e o mais baixo é registado no tanque A1. Em geral, sempre que os níveis de amoníaco no tanque aumentam, o tratamento de troca de água é processado em particular para todos os quatro tanques. Os valores de DO variaram entre 3,75 e 4,25 nos quatro tanques durante todo o período de crescimento. O valor alto de DO foi registado no tanque A4 e o valor baixo no tanque A1. Quando o valor de DO diminui para um nível notável, os aeradores são ligados para aumentar o valor de DO no tanque. Os valores de salinidade flutuam entre 31.57 e 36.50 para todos os quatro tanques. A alta salinidade está no tanque A4 e a baixa salinidade no tanque A2. Sempre que se regista uma diminuição notável do valor da salinidade, é obrigatório drenar a água e bombear água nova do mar para os tanques de cultura para manter a salinidade.

Resultados da análise de sobrevivência do camarão

Os quatro tanques são povoados com diferentes densidades de camarão. A sobrevivência do camarão é analisada com base no peso corporal, na taxa de crescimento e na biomassa do camarão. O resultado acima referido em cada tanque é apresentado em pormenor nos quadros seguintes.

Durante todo o período de cultura, ocorrerá uma mortalidade corrente de 10 a 30 % devido a

desmoldagem, elevado teor de amoníaco e deficiência de DO.

Tabela.5 Análise da sobrevivência total do camarão em quatro tanques

Lagoa	Números iniciais de camarões	Números finais do camarão	Sobrevivência %
A1	5,10,000	3,82,500	75%
A2	5,82,000	3,49,200	60%
A3	4,56,000	3,19,200	70%
A4	4,20,000	2,94,000	70%

DOC	Média atual peso corporal	Média anterior peso corporal	7 dias crescimento	Taxa de crescimento	Número de espécies de camarões	Biomassa
78	11.7	9.8	1.9	0.271	433500	5072
85	13.5	11.7	1.8	0.257	433500	5852
92	15.2	13.5	1.7	0.243	433500	6589
99	17.4	15.2	2.2	0.314	408000	7099
106	19.3	17.4	1.9	0.271	408000	7874
113	21.8	19.3	2.5	0.357	408000	8894
120	23.5	21.8	1.7	0.243	382500	8989
127	25.6	23.5	2.1	0.300	382500	9792
134	27.5	25.6	1.9	0.271	382500	10519
141	29.0	27.5	1.5	0.214	382500	11093

DOC	Média atual peso corporal	Média anterior peso corporal	7 dias de crescimento	Taxa de crescimento	Número de espécies de camarões	Biomassa
78	10.6	9.1	1.5	0.188	407400	4318
85	12.1	10.6	1.5	0.188	407400	4930
92	13.7	12.1	1.6	0.200	407400	5581
99	15.4	13.7	1.7	0.213	378300	5826
106	17.6	15.4	2.2	0.275	378300	6658
113	19.4	17.1	1.8	0.225	378300	7339
120	21.7	19.3	2.3	0.288	349200	7578
127	23.8	21.1	2.1	0.263	349200	8311
134	25.7	23.6	1.9	0.238	349200	8974
142	27.5	25.7	1.8	0.225	349200	9603

DOC	Média atual peso corporal	Média anterior peso corporal	7 dias de crescimento	Taxa de crescimento	Número de espécies de camarões	Biomassa
78	15.5	14.5	1.0	0.111	364800	5654
85	16.0	15.5	0.5	0.056	364800	5837
92	16.8	16	0.8	0.089	364800	6129
99	18.2	16.8	1.4	0.156	342000	6224
106	20.0	18.2	1.8	0.200	342000	6840
113	22.2	20	2.2	0.244	342000	7592
120	24.1	22.2	1.9	0.211	319200	7693
127	25.9	24.1	1.8	0.200	319200	8267
134	27.8	25.9	1.9	0.211	319200	8874
143	30.0	27.8	2.2	0.244	319200	9576

DOC	Média atual peso corporal	Média anterior peso corporal	7 dias crescimento	Taxa de crescimento	Número de espécies de camarões	Biomassa
78	11.8	10.4	1.4	0.140	336000	3965
85	13.5	13.5	1.7	0.170	336000	4536
92	14.8	14.8	1.3	0.130	336000	4973
99	16.4	16.4	1.6	0.160	315000	5166
106	18.3	18.3	1.9	0.190	315000	5765
113	20.4	20.4	2.1	0.210	315000	6426
120	22.7	22.7	2.3	0.230	294000	6674
127	24.5	24.5	1.8	0.180	294000	7203
134	26.6	26.6	2.1	0.210	294000	7820
144	28.5	13.5	1.9	0.190	294000	8379

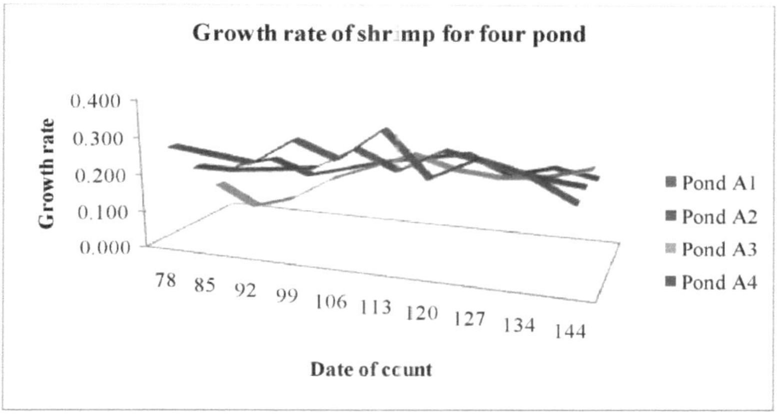

Figura.22 Taxa de crescimento do camarão em diferentes densidades de povoamento

As sobrevivências dos camarões são analisadas e resumidas na Tabela 6, 7, 8 e 9. O peso corporal do camarão, a taxa de crescimento e a biomassa são analisados a partir do 78th dia de contagem do crescimento do camarão até o período de despesca. O peso corporal do camarão é alto no viveiro A3 (30 g) e o menor peso corporal no viveiro A2 (27,5 g). Considerando a taxa de mortalidade, a mortalidade elevada registada no tanque A2 (mortalidade de 40%) e a mortalidade baixa no tanque A1 (mortalidade de 25%). Devido à elevada densidade de povoamento do camarão, a taxa de crescimento é aumentada sempre que o tanque de troca de água, ou seja, apenas a taxa de crescimento será aumentada.

Tabela.10 Diferentes densidades de povoamento produção de sobrevivência em água do mar

Lagoa	Densidade populacional de	Área (hectares)	Produção de camarão (kg)
A1	510000	0.65	11093
A2	582000	0.65	9603
A3	456000	0.65	9576
A4	420000	0.65	8379

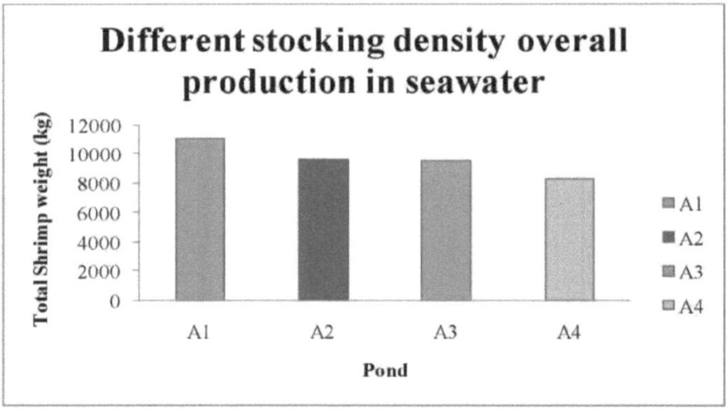

Figura.23 Diferentes densidades de povoamento produção global em água do mar

As diferentes densidades de estocagem e a produção total de camarão para o período de cultivo estão resumidas na tabela acima.10 e na figura.23. Considerando todos os quatro viveiros, a melhor produção de camarão é obtida no viveiro A3, com taxa de mortalidade otimizada que não afeta o lucro do projeto.

Resultado da análise estatística

Foi realizada uma análise de variância (ANOVA) de duas vias para selecionar os tanques significativos com densidade efectiva de camarão afetada pelos parâmetros (pH, amoníaco, DO, salinidade, peso de crescimento e taxa de crescimento) utilizando o pacote de ferramentas de análise de dados do software Excel.

Tabela.11 Resultados da ANOVA para todos os parâmetros em quatro tanques

Parâmetros		F - valores	P - valores
pH	Entre lagoas	1.13	0.35
	Nos lagos	0.88	0.55
Amoníaco	Entre lagoas	0.03	0.99
	Nos lagos	1.22	0.32
DO	Entre lagoas	1.63	0.21
	Nos lagos	1.94	0.09
Salinidade	Entre lagoas	2.65	0.07
	Nos lagos	3.29	0.01
Peso de crescimento	Entre lagoas	59.07	5.47
	Nos lagos	512.13	8.79
Taxa de crescimento	Entre lagoas	17.28	1.84
	Nos lagos	3.41	0.01

O estudo estatístico é utilizado principalmente para analisar a variação significativa entre os tanques e dentro dos tanques. Finalmente, o resultado é apresentado no Quadro 11. Entre os viveiros e dentro dos viveiros, são significativos os seguintes parâmetros: crescimento, peso e taxa de crescimento. Porque variou entre os quatro viveiros em diferentes densidades de povoamento, o crescimento do camarão e entre os viveiros e dentro dos viveiros não é significativo seguir os parâmetros de qualidade da água pH, amoníaco, DO e salinidade. Como não variou entre os viveiros, continha água do mar em todos os quatro viveiros.

Análise de clusters - dendrograma

A similaridade dos tanques com base nos parâmetros físico-químicos e de crescimento do camarão é analisada e explicada abaixo:

pH

O dendrograma permite concluir que as lagoas A1 e A4 estão agrupadas e as lagoas A3 e A2 estão agrupadas com base nos níveis de concentração de iões de hidrogénio na lagoa durante toda a fase de crescimento.

Amoníaco

O dendrograma chega à conclusão de que os tanques A3 e A1 estão agrupados e os tanques A4 e A2 estão agrupados com base nos níveis de concentração de amoníaco no tanque durante toda a fase de crescimento.

DO

O dendrograma permite concluir que os viveiros A2 e A1 estão agrupados e os viveiros A3 e A4 estão agrupados com base nos níveis de concentração de oxigénio no viveiro durante toda a fase de crescimento.

Salinidade

O dendrograma permite concluir que os viveiros A3 e A1 estão agrupados e os viveiros A2 e A4 estão agrupados com base nos níveis de concentração de salinidade no viveiro durante toda a fase de crescimento.

Peso de crescimento

O dendrograma permite concluir que os viveiros A4 e A1 estão agrupados e os viveiros A2 e A3 estão agrupados com base nos níveis de crescimento do peso no viveiro durante toda a fase de crescimento.

Taxa de crescimento

O dendrograma permite concluir que o tanque A2 e o tanque A1 estão agrupados e que o tanque A4 e o tanque A3 estão agrupados com base nos níveis de taxa de crescimento do tanque durante toda a fase de crescimento.

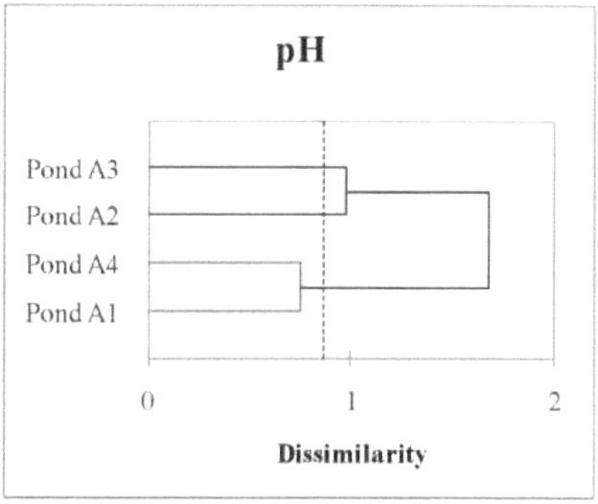

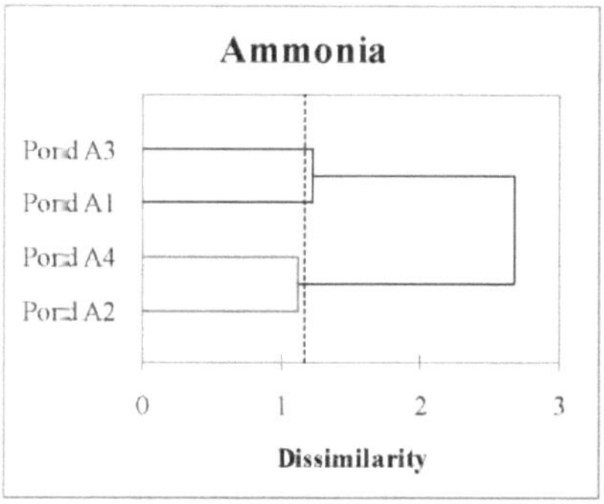

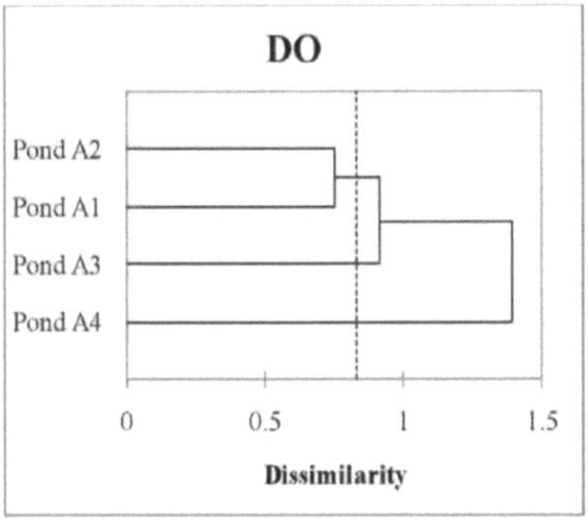

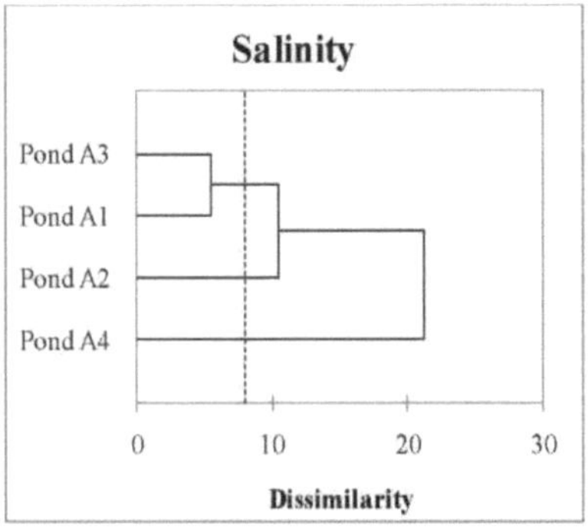

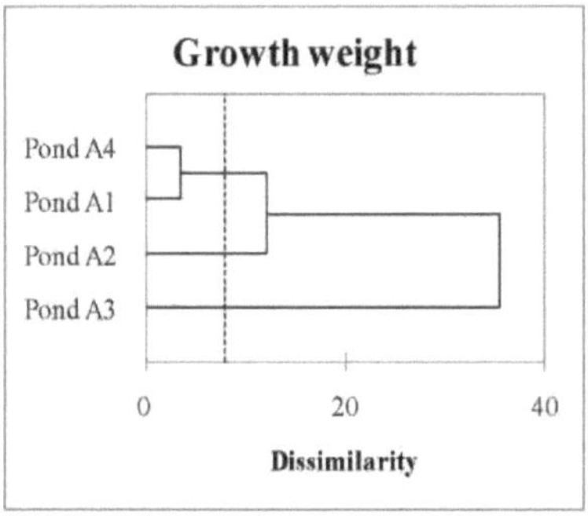

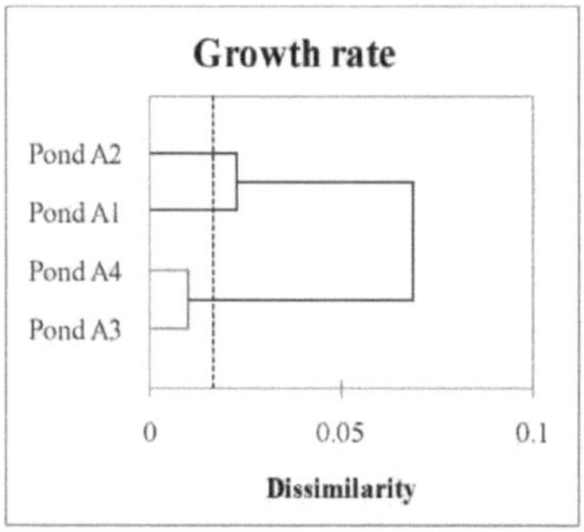

Colheita e manuseamento

Uma colheita bem sucedida pode ser alcançada se o camarão puder ser colhido em boas condições num curto período de tempo. A técnica de colheita não deve danificar o camarão com resíduos. A colheita completa pode ser efectuada através da drenagem da água do tanque através de uma rede de sacos e da colheita manual. O período médio de cultivo requerido é de cerca de 120-150 dias e durante este tempo os camarões crescerão até ao tamanho de 25-30 gm (dependendo da espécie), como mostra a figura. 22. Para se obter o melhor método de colheita, os tanques e os escoadouros devem ser projectados adequadamente e ser capazes de 59

Esvazie completamente o tanque dentro de 4-6 horas. Uma rede de saco deve poder ser fixada na saída para recolher os camarões que são transportados pela água que sai. A altura adequada para a colheita é de manhã cedo e deve ser completada antes do meio da manhã. Nos viveiros que só podem ser drenados na maré baixa, a colheita deve ser efectuada sempre que possível. O camarão deve ser retirado regularmente do saco de colheita em pequenas quantidades para evitar danos.

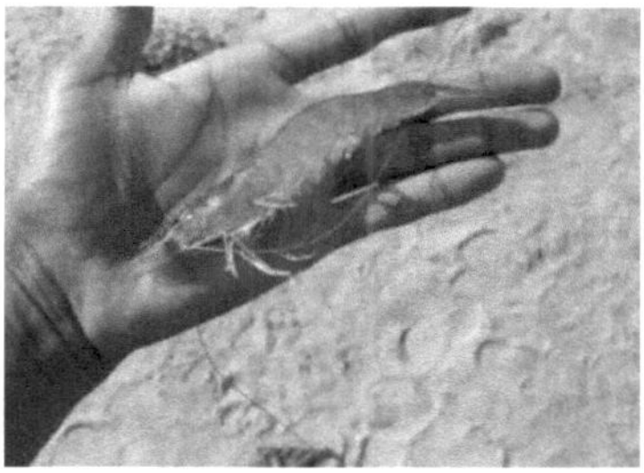

Figura.24 Tamanho do camarão colhido.

CONCLUIÇÃO

A aquicultura é um dos sectores de crescimento mais rápido no mundo, que desempenha um papel muito importante na situação da economia mundial. Atualmente, o camarão é o produto marinho comercializado mais valioso do mundo. Ao mesmo tempo, a procura de água doce está a aumentar muito, pelo que a conclusão do nosso estudo é o crescimento da água do mar, uma vez que esta está contida em 72% em todo o mundo, mas como a água do mar natural é essencial para todos os animais marinhos que nela vivem, pode muitas vezes ser uma fonte melhor do que utilizar água doce e uma mistura comercial de sal para criar soluções, o que pode ser moroso e dispendioso.

A observação global e os resultados de todos os parâmetros concluíram que o melhor viveiro é o que tem mais qualidade. Os parâmetros físico-químicos são o pH perfeitamente mantido nos quatro tanques, mas a quantidade de amoníaco no tanque, devido à utilização do recurso alimentar pelo camarão para o seu crescimento, aumenta a meio do período de cultura, o que induz problemas relacionados com a mortalidade elevada. Por conseguinte, a quantidade de amoníaco no viveiro deve ser tida em consideração para monitorização, o que poderá reduzir a taxa de mortalidade e aumentar ainda mais a taxa de sobrevivência, aumentando diretamente o lucro. O OD e a salinidade são importantes para o crescimento do camarão e também são mantidos perfeitamente em todos os viveiros. O consumo de ração é o fator importante para o crescimento, pelo qual o aumento do peso corporal do camarão e a taxa de crescimento resultam na fase final. De todos os quatro viveiros, o viveiro A3 (sobrevivência de 70%, produção de 9576 kg) apresenta o peso e a taxa de crescimento máximos. A percentagem de sobrevivência do camarão parece ser elevada no tanque A1, mas com uma produção moderada. Finalmente, a partir da presente investigação, conclui-se que a cultura de *L. vannamei* tem o melhor resultado no tanque A3 com o uso bem-sucedido da água do mar, o crescimento está diretamente relacionado à menor densidade de estocagem.

Atualmente, o preço do camarão *L. vannamei* no mercado internacional é de 1 kg (35 unidades) = Rs 620, e o preço no mercado indiano é de 1 kg (35 unidades) = Rs 450. A utilização de água do mar para a produção de camarão dá o melhor resultado com baixo custo de entrada e alto lucro. Com base no meu estudo, o tanque A3 dá o melhor lucro. Considerando o preço no mercado indiano, o lucro líquido é de cerca de Rs. 43 lakhs, especialmente para o tanque A3.

ABREVIATURAS

FAO - Organização das Nações Unidas para a Alimentação e a Agricultura

NOAA - Administração Nacional Oceânica e Atmosférica

DOF - Departamento das Pescas

WSSV - Vírus da Síndrome da Mancha Branca

IHHNV - Vírus da Necrose Infecciosa Hipodérmica e Hematopoiética

TSV - Vírus da Síndrome de Taura

YHV - Vírus da cabeça amarela

SPF - Livre de agentes patogénicos específicos

SPR - Resistente a agentes patogénicos específicos

ABARE - Gabinete Australiano de Economia Agrícola e dos Recursos

DO - Oxigénio dissolvido

PL12 - Pós-larvas com doze dias de idade

IVC - Indian Vetriselvan Chitra

4- DOC - Data da contagem

4- ppm - Partes por milhão

4- ppt - Partes por trilião

REFERÊNCIAS

Anantharaj. K, Packiyalakshmi Anantharaj. P e Ganesh. J (2013). Estudos sobre o estado físico-químico da região costeira de Kattumavadi, costa sudeste da Índia. *Revista Internacional de Investigação em Ciências Marinhas,* 2(2): 45-49.

Annie Alexander e Vivekananda Reddy. R (2012), *Litopenaeus Vannamei* culture-A Sega of Revival is brackish water sector, p.16

Arts J.A.J, Taverne-Thiele, A.J, Savelkoul H.F.J e Rombout, J. H.W.M. (2007). Reacções hemocitárias em *Penaeus monodon* infetado por imersão com WSSV. *Fish and Shellfish Immunology* 23(1): 164-170.

Audun Lem, (2011). Situação da segurança alimentar, do *comércio e da saúde económica das pescas.*

Bailey-Brock J.H. e Moss S.M. (1992). Penaeid taxonomy, biology and zoogeography. In marine shrimp culture : Principles and practices. *Elsevier science publishers*: 27pp.

Bate, C., (1888). *Report on the* Crustacea Macrura collected by the Challenger during the years 1873-76 - *Relatório sobre os resultados científicos da viagem do H.M.S. "Challenger" durante os anos 1873-76* 24: i-xc, 1-942, Plates 1-157.

Bob Rosenbrrry, (2005) In *Shrimp News International,* San Diego, Califórnia, EUA, p. 292, p. 270

Boone, L. (1931). Anomuran, macruran Crustacea from Panama and Canal Zone. *Boletim do Museu Americano de História Natural* 63(2): 137-189.

Chim. L, Lucien Bun. H, Le moullac. G -Cultivo de camarão marinho - *Fisheries And Aquaculture -*

vol. IV, 2001.

De Haan, 1844 Fishery and biology of green tiger shrimp *Penaeus semisulcatus* landed at Puthiappa, Kozhikode, Kerala coast. *Journal of the Marine Biological Association of India, 52 (1). pp. 24-28.*

De Man, J.G., 1888a. Report on the podophthalmous Crustacea of the Mergui Archipelago, collected for the Trustees of the Indian Museum, Calcutta, by Dr. John Anderson F.R.S., Superintendent of the Museum - *The Journal of the Linnean Society (Zoology)* 22: 1-305, Plate 1-19.

Diego Valderrame e James L. Anderson, revisão da produção de camarão, Santiago, Chile, *Global outlook for aquaculture leadership,* 2011.2p

Fabricius, J. C. (1798) Entomologia Systematica emendata et aucta, secundum classes, ordines, genera, species adjectis synonimis locis observationibus descriptionibus. Hafniae, *Tom. II. Supplementum Entomologiae Systematicae*. páginas 1 a 572. Copenhaga.

FAO (2007a) *Fishery statistics aquaculture production,* vol. 100/2. Roma, FAO. p.202.

Gillett,R. (2008). Estudo global da pesca do camarão. *FAO Document technique sur les peches.* No.475. Roma, FAO.2008.331p.

Grey, D.L., Dall, W. & Baker, A. (1983) A guide to the Australian Penaeid Prawns. (Northern Territory Government Printing Office: Darwin). pp. 140.

Gunalan Balakrishnan, Soundarapandian Peyail, (2011). Crescimento do camarão de perna branca cultivado *Litopenaeus Vannamei* em diferentes densidades de estocagem, *Adv. Appl. Sci. Res.,* 2 (3):107-113.

Holthuis, L.B. (1980). *Catálogo de espécies da FAO,* Vol. I, Shrimp and Prawn of the World. Organização das Nações Unidas para a Alimentação e a Agricultura.

Em *Shrimp News International,* San Diego, Califórnia, EUA, p. 292 e p. 270-World *shrimp farming* (2005).

James Anderson, e Diego Valderrama, revisão do objetivo 2012 - Fonte: FAO, 2006-2010; *Inquérito GOAL,* 2011-2014. Os dados da China incluem a produção marinha e de água doce de *L. vannamei).*

Jory, D. e Cabrera, T. (2003) Marine shrimp. In: Lucas, J.S., Southgate, P.C. (Eds.), Aquaculture: Farming aquatic animals and plants, *Blackwell publishing,* Oxford, UK, p. 382-395

Jory, D.E., Cabrera, T.R., Dugger, D.M., Fegan, D. e Lee, P.G. (2001) A global overview of current shrimp feed management: status and perspectives. In: Browdy, C.L. and Jory, D.E. (Eds.), *The New Wave, Proceedings of the Special Session on Sustainable Shrimp Culture, Aquaculture 2001,* The World Aquaculture Society, Baton Rouge, Louisiana, United State, p. 104-152

Kannupandi. T, Soundarapandian. P e Rajendran. N (2013) Prawns and Shrimps *Centre of Advanced Study in Marine Biology,* Annamalai University.

Mateus. L, Costa. L, Silva. Y.J, Pereira. C, Cunha. A, Almeida. A Eficiência dos cocktails de fagos na inativação de Vibrio em aquacultura, *The Journal of Elsevier,* 20 de março de 2014.

Milne Edwards. H, (1837) Reports of American lobsters, Homarus americanus, *BioInvasions Records* Volume 1, Issue 1: 17-23 in British waters.

Phuoc, L.H. (2008). Infeção experimental simples e dupla do camarão *Litopenaeus vannamei* isento de agentes patogénicos específicos com o vírus da síndrome da mancha branca e espécies *de Vibrio.* Universidade de Ghent, Bélgica. *The Journal of Elsevier,* p.1, 7-8.

Poore, G.C.B. 2004. *Marine decapod Crustacea of southern Australia.* A guide to identification (com capítulo sobre Stomatopoda por Shane Ahyong). *CSIROPublishing: Melbourne.*

Prabhakar R. Pawar (2012). Diversidade da fauna de decápodes do ecossistema de mangue de Uran

(Raigad), Navi Mumbai, Maharashtra, costa oeste da Índia, *Indian J.Sci.Res.* 3(1): 87-90,.

Actas da sessão especial sobre criação de camarões, Sociedade Mundial de Aquacultura, Baton Rouge, Louisiana, Estados Unidos, p. 254-266.

Rosenberry, B., (2001). World shrimp farming, *In Shrimp News International.* San Diego, Califórnia, EUA, p. 292.

Rosenberry, B., (2005). Criação mundial de camarão. *Em Shrimp News International.* San Diego, Califórnia, EUA A, p. 270.

Sridhar. R, Thangaradjou. T, Senthil Kumar.S e Kannan. L (2006), Water quality and phytoplankton characteristics in the Palk Bay, southeast coast of India. *Journal of Environmental Biology*, 27(3) 561-566.

Sumathi. M, Kumarasamy. K, Thiyagarajan. M e Punithavathi. J (2011), Um estudo sobre as condições de temperatura e precipitação do distrito de Pudukkottai, Tamil Nadu, Índia. *Revista Internacional de Investigação para o Desenvolvimento,* Vol. 1, Issue, 3, pp.022-026.

Tookwinas, Chiyakum, Kanit, Somsueb e Sutheewat (2005) Aquaculture of White Shrimp *Penaeus vannamei* in Thailand, *Department of Fisheries,* Bangkok, Tailândia, p.76

Venkataraman K e Wafar M. 2005, Coastal and marine biodiversity of India, *Ind.J.Mar.sc.,* 34(1): 57-75.

Wickins, J.F. e Lee, D.O.C. (Eds.) (2002) Crustacean farming: Ranching and culture. *Blackwell science,* Paris, França, p. 446 .

Wickins. J.F e Beard.T.W, (1978). Folheto de laboratório. *MAFF Diret.fish.Res.,* Lowestoft. (42), 41pp.

www.en.wikipedia.org/wiki/Shrimp-PShrimp Enciclopédia Britânica. Recuperado em 20 de agosto de 2012]

www.en.wikipedia.org/wiki/Shrimp-PShrimp Oxford Dictionaries, Consultado em 18 de agosto de 2012]

www.fao.org/docrep/011/i0300e/i0300e00.HTM

www.fao.org/fishery/aquaculture/en

www.fishery.about.com/od/BenefitsofAquaculture/ a/AquacultureBenefits. htm

www.ftp.fao.org/ fi/ news/ GlobalAquacultureProductionStatistics2011.pdf

www.library.enaca.org/NACA-Publications/EconomicsManagement.pdf

www.motherjones.com/files/accenture_shrimp_report.pdf

www.worldwildlife.org/industries/farmed-shrimp

www.worldwildlife.org/industries/farmed-shrimp

Wyban, J.A. e Sweeney, J.N. (1991) the biology of *Penaeus vannamei.* In: Wyban, J.A., Sweeney, J.N. (Eds.), Intensive shrimp production technology, *the oceanic institute shrimp manual, Honolulu, Hawaii,* USA. p. 7-12.

Wyban, J.A., Swingle, J.S, Sweeney, J.N. e Pruder, G.D. (1992) Development and commercial performance of high health shrimp using specific pathogen free (SPF) brood stock *Penaeus vannamei.* In: Wyban, J.A. (Ed).

MIX
Papier aus verantwortungsvollen Quellen
Paper from responsible sources
FSC® C105338

Printed by Books on Demand GmbH, Norderstedt / Germany